N NOIRIS

ÉTUDES

SUR LE

SURNATUREL - NATUREL

PREMIÈRE ÉTUDE

Les Tables tournantes et leurs dérivés.

Prix : 0 fr. 50

LYON

CHEZ LES PRINCIPAUX LIBRAIRES

1897

ÉTUDES

SUR LE

Surnaturel-Naturel

AVANT-PROPOS

Cet ouvrage est fait par un convaincu qui n'a pas l'intention, en le publiant, de convaincre les incrédules ; mais il a l'espoir de sauver du ridicule ceux qui, plus encore convaincus que lui, ont poussé la croyance jusqu'à la naïveté.

Par ces temps de progrès scientifiques incessants, nous sommes appelés à entendre parler journellement de faits nous paraissant les plus extraordinaires, et le xxe siècle nous réserve de grandes surprises. Sans compter les perfectionnements certains que l'on apportera aux sciences déjà nées, nous assisterons, dans un bref délai, à la découverte de nouvelles sciences, que l'on arrivera à étudier et à connaître plus vite que leurs devancières, ces dernières aidant. Ceux qui les découvriront ne seront plus brûlés sur des bûchers comme autrefois ; peut-être, au contraire, leur élèvera-t-on des statues, passant ainsi avec une exagération égale d'un extrême à l'autre. Ceux qui les découvriront seront simplement des gens intelligents, observateurs et pratiques ; les autres le seront un peu moins, voilà tout ; mais il faudrait qu'ils le soient assez, cependant, pour constater froidement et se garder de la maladie du siècle qui passe : l'emballement.

Une de ces sciences les plus extraordinaires, et celle la plus pressentie, n'a pas encore de nom bien défini ; elle naîtra du magnétisme, de l'électricité, de l'hypnotisme et du spiritisme ; ce sera celle du *surnaturel-naturel.*

Sans nier le surnaturel, il est bon de ne pas le voir partout ; ce serait le prostituer. On constate et on étudie, depuis quelque temps, toute une série de phénomènes purement naturels, appartenant au domaine de la science, mais que le public s'empresse d'amplifier et d'expliquer de différentes manières ; la presse colporte des interviews plus ou moins fantaisistes, et nous revenons peu à peu au beau temps des tables tournantes, des médiums et des esprits. Il est urgent d'enrayer ce courant malsain de charlatanisme et de crédulité, de distinguer le vrai du faux et de faire la part de la science, si petite soit-elle encore. C'est le but que poursuit l'auteur en publiant cette série d'études, dont la première paraît aujourd'hui et a pour titre : *les Tables tournantes et leurs dérivés.*

PREMIÈRE ÉTUDE

Les Tables tournantes et leurs dérivés.

Les *tables tournantes* sont nées aux Etats-Unis, en 1848 ; ce n'est que six ans plus tard, en 1854, qu'elles firent parler d'elles en France. Leurs prouesses prodigieuses se répandirent vite dans le public et tout le monde se mit alors à faire tourner des tables ; ce fut une véritable épidémie, trop forte pour être durable. Le bon public finit par se lasser ; il laissa bientôt de côté les tables tournantes et leurs soi-disant révélations pour chercher ailleurs une récréation nouvelle ; c'est à peine si, de loin en loin, quelque prestidigitateur vous gratifiait de cette exhibition ; les tables tournantes étaient donc classées parmi les tours de physique amusante.

Mais voilà que des personnes de bonne foi, se livrant à des études spéciales, viennent de constater des faits à première vue extraordinaires, mais qu'elles savent être du domaine de la science et qu'elles étudient comme tels. Sans attendre le résultat de ces recherches, le public s'est emparé des faits, la presse s'en est fait l'écho, les a reportés et colportés. Tel monsieur journellement, avec la meilleure grâce du monde et une autorité qui ne supporte pas la réplique, vous expose alors une théorie sur ces phénomènes, connus de lui comme de vous par ouï-dire, et c'est bien rare si, à ce propos, il ne vous parle pas des tables tournantes. Ce monsieur fait des adeptes, et ces médiums de salon se prêtent volontiers aux expériences à l'appui de leurs théories.

C'est ainsi qu'en 1897 l'épidémie des tables tournantes réapparaît, menaçant, sous le masque de la science, de faire plus de victimes qu'autrefois. Les âmes simples continueront à reconnaître là des manifestations d'esprits, cause pour laquelle l'Eglise a déjà eu à intervenir; d'autres découvriront là des effets électriques et magnétiques d'un ordre spécial et les expliqueront à grand renfort de mots barbares. Puisse le nombre de ceux qui ne verront, dans ces expériences, qu'un simple amusement, être le plus grand !

Pour l'intelligence de ce qui va suivre, il est nécessaire de donner quelques détails précis sur ce qu'on appelle les tables tournantes et sur les conditions les plus efficaces à leurs ébats.

Les tables dont on se sert sont le plus souvent et de préférence des guéridons en bois ciré ou vernis, à un seul pied faisant trépied dans la partie inférieure, chaque branche de ce trépied étant autant que possible munie de roulettes; le tout reposant sur un parquet généralement ciré. Une table dans ces conditions constitue un ensemble essentiellement mobile qu'un simple fil suffirait à entraîner; c'est ce guéridon que cinq ou six personnes, peut-être davantage, vont essayer de faire mouvoir; cela ne leur sera pas difficile

Des chaises étant rangées autour de ce guéridon, on prend place, autant que possible, dans l'ordre suivant : un monsieur, une dame, un monsieur, une dame, etc. Eviter deux messieurs de suite; si le nombre des dames dépasse celui des messieurs, cela n'en vaut que mieux. Chacun pose légèrement ses deux mains à plat sur le guéridon, près du bord, les deux pouces se touchant, les petits doigts touchant ceux de la personne voisine à droite et à gauche; on forme ainsi une chaîne sans fin. On attend alors, dans le plus grand recueillement et la plus grande concentration de volonté, que la table se meuve.

Il est aisé de se figurer, bien que chaque personne soit convaincue de ne pas appuyer sur le guéridon, le poids que doit supporter ce dernier au bout d'un instant, la lassitude et le nombre des individus aidant. Supposons, en effet, que chaque main exerce au bout d'un instant une pression moyenne de 100 grammes ; si on est six, ce sera donc une pression d'environ 1 kilog 200 grammes qui agira sur le guéridon tout entier. L'union fait la force. C'est ainsi que cinq personnes arrivent à en soulever une sixième sans grand effort, chacune avec un doigt, deux sous les aisselles et un sous le menton; l'expérience est facile à faire,

Revenons à nos patients assis depuis un quart d'heure autour du guéridon. Ils commencent à se lasser, de légères crampes parcourent leurs mains plus ou moins crispées et adhérentes au plateau de la table, Il n'est pas rare à ce moment d'entendre dire à l'un d'eux qu'il sent le *fluide*(?) et ils le sentent bientôt tous. Afin d'écarter toute idée de supercherie, chacun a placé ses jambes le plus loin possible du pied de la table, sous sa chaise même ; et cette précaution a son importance, car le corps dans cette position est forcément plus en avant, se lasse davantage et porte d'autant plus à la longue sur les bras et les mains.

Enfin, un premier craquement léger se fait entendre. Quel est le guéridon qui ne craquerait pas, soumis à un régime semblable? La figure de nos sujets s'épanouit; les phénomènes commencent et vont bientôt les récompenser de leur constance. —« Il me semble que le guéridon tourne un peu déjà de droite à gauche, » s'écrie alors inévitablement l'un d'eux, « levons-nous et ne le contrarions pas. » Tous se lèvent et attendent avec anxiété que le guéridon tourne à gauche. En effet, le mouvement commence et la rotation, lente au début, s'opère ensuite avec plus ou moins de rapidité. Qu'on enlève les mains, et le mouvement cesse de lui-même. A la volonté des personnes qui le font mouvoir le guéridon pourra aussi se soulever d'un de ses pieds, quelquefois de deux, paraîtra se tenir dans un équilibre instable et tombera à terre le plus souvent, au grand ahurissement des spectateurs. — Le monsieur dont je parlais tantôt commencera alors, s'il est présent, ses explications. Je les ai écoutées souvent et ne les ai jamais interrompues. Il me permettra de lui exposer les miennes à mon tour.

Reprenons nos opérateurs au moment où le *fluide* (?) se manifeste à eux. Il sont animés à ce moment du désir intense de voir leurs efforts couronnés de succès et veulent ardemment que la table tourne. Sans s'en douter, ils l'entraînent eux-mêmes ; un accord tacite et involontaire se fait entre eux, se traduit par un mouvement inconscient de chacun d'eux et la somme de ces mouvement simultanés détermine le mouvement général. C'est fatal.

Aux personnes qui s'étonneraient d'être aussi facilement victimes de mouvements inconscients, je rappelerai les expériences suivantes, fort connues d'ailleurs, qui montrent en petit ce qui se passe en grand pour les tables tournantes.

Suspendez un objet quelconque, une bague par exemple, à un fil d'environ 0ᵐ60 centimètres de longueur, et tenez l'extrémité libre du fil entre le pouce et l'index ; assurez-vous de l'immobilité parfaite de cette sorte de fil à plomb et fermez les yeux. Concentrez alors votre volonté et voulez par la pensée que la bague ainsi attachée se déplace dans un plan vertical choisi ; au bout de cinq à six minutes, en ouvrant les yeux, vous verrez que la bague aura obéi et vous n'aurez pas eu conscience du mouvement imperceptible et continu que vous lui aurez réellement communiqué par votre bras resté immobile en apparence ; il en aurait été de même si vous aviez voulu que la bague décrivît une circonférence dans un plan horizontal.

Prenez deux allumettes ; fendez l'extrémité de l'une d'elles de façon à pouvoir y introduire une des extrémités de la seconde allumette que vous aurez auparavant amincie ; faites reposer tout le système sur le tranchant de la lame d'un long couteau, les deux allumettes formant ainsi un V renversé ; tenez fortement le manche du couteau dans votre main que vous ferez reposer sur une table de façon que les deux extrémités libres des allumettes effleurent très légèrement la table. Vous verrez aussitôt vos deux allumettes, que vous aurez placées aussi près que possible du manche, se mouvoir le long de la lame et arriver assez rapidement à l'extrémité. Comment l'expliquer autrement que par des mouvements inconscients, communiqués de votre bras à votre main, puis au couteau ?

Sans recourir à des objets et appareils spéciaux, n'avons-nous pas en nous-mêmes un vaste champ d'expériences à exploiter ? Pour écrire les lignes que vous avez l'obligeance de lire en ce moment, n'ai-je pas fait une quantité notable de mouvements inconscients ? Tout entier à mon sujet, n'ai-je pas, en le traitant, commandé cependant à mon bras de commander à ma main de tenir une plume, de former des caractères d'écriture, de mettre l'orthographe, d'observer quelques règles de syntaxe ou de style, tout cela sans m'en apercevoir ? Les maisons de santé seraient insuffisantes s'il fallait y enfermer tous ceux qui ne savent pas ce qu'ils font ; l'humanité entière mériterait alors d'y être internée, car tous, à chaque instant, ne vous en déplaise, nous ne savons ce que nous faisons.

Figurez-vous maintenant quels phénomènes prodigieux on peut obtenir avec une table tournante, lorsque se trouve comme la plupart du temps, au nombre de ceux qui la font tourner, un mystificateur! On ne saurait trop flétrir ceux qui froidement, pour se procurer une jouissance égoïste et malsaine, trompent ainsi leur prochain et jouent avec sa crédulité. C'est grâce à eux que les tables tournantes sont devenues les *tables parlantes*, et voici de quelle façon elles parlent.

La manière la plus simple est de procéder par interrogations; la table répond alors oui ou non en se soulevant une ou deux fois, selon ce qui aura été convenu. Une autre manière beaucoup plus longue mais plus complète consiste à faire dicter par la table des mots et des phrases entières en épelant chaque lettre; une personne nomme alors les lettres de l'alphabet et la table se soulève à la lettre voulue. Les réponses de la table sont généralement banales, proportionnées à l'intelligence de celui qui les commande. Il suffit pour cela que ce dernier fasse une légère poussée en avant; la table se soulève alors de son côté, ce qui écarte généralement tout soupçon de la part des spectateurs, persuadés que, si l'un d'entre eux trichait, la table se pencherait plutôt de son côté et sous sa pression; c'est le plus souvent le contraire qui se passe.

C'est ainsi qu'il se trouve encore des gens assez niais pour croire à l'existence d'un *esprit* logé dans un assemblage de morceaux de bois. L'esprit se nomme tantôt l'ange Gabriel, tantôt Satan, tantôt l'âme d'un parent décédé, tantôt celle d'un personnage célèbre également disparu de ce monde; l'esprit est complaisant, répond à tout ce qu'on lui demande, bien ou mal, fait des vers, prédit l'avenir; l'esprit est surtout d'un très bon caractère : avez-vous assez de lui, laissez-vous la table dans laquelle il se manifeste de côté, il se soumet sans protester et s'en va; la seule chose qu'on puisse lui reprocher, c'est un peu de timidité; il n'aime pas les lumières et ne se manifeste pas en effet devant tout le monde; il déteste les incrédules, vous devinez pourquoi. Comment qualifier les auteurs de pareilles supercheries ?

Il s'est imprimé des recueils de révélations par les tables tournantes ; une vie de Jeanne d'Arc, entre autres, dictée par elle-même logée dans je ne sais quel guéridon, a été publiée ; il s'est trouvé des acheteurs et des lecteurs de ces publications ! N'y a-t-il pas là de quoi fausser l'intelligence de certaines gens et la détraquer à jamais ? Philosophie, morale, religion, tout a été traité par les tables tournantes. Voilà pourquoi l'Eglise, sans entrer dans les détails et les discussions sur ce sujet, s'est vue obligée, pour le bien de tous, de défendre à ses fidèles la pratique des tables tournantes ; certains, plus aveuglés ou de plus mauvaise foi que d'autres, ont encore vu là la preuve indéniable de la véracité des manifestations diaboliques ou tout au moins surnaturelles ; c'était simplement une mesure urgente autant que radicale. J'ai vu des personnes ayant assisté à ces dialogues d'outre-tombe être tellement convaincues que, si l'on répétait devant elles les mêmes phénomènes en leur faisant toucher du doigt la supercherie, elles, vous disaient : « J'admets qu'on puisse obtenir des faits analogues en trichant, mais je crois néanmoins fermement à ce que j'ai vu, et rien ne me fera changer d'avis ! » La superstition étant un mal incurable, le seul moyen de la guérir était donc de la prévenir.

Après tout ce qui vient d'être dit sur les tables tournantes, il reste peu de choses à dire sur les *chapeaux tournants*. Quand cinq ou six personnes peuvent arriver à faire mouvoir une table inconsciemment, il est facile, pour ne pas dire enfantin, de leur faire répéter les mêmes expériences avec un chapeau. Il suffit même d'être deux pour obtenir d'un chapeau de soie, haut de forme, des déplacements, des rotations, des inclinaisons et même des pirouettes. Cela paraît tellement puéril que des individus fermement croyants en tables tournantes ne croient pas souvent aux mêmes phénomènes quand ils se produisent à l'aide d'un chapeau.

En matière de prestidigitation, on est même arrivé à des effets paraissant plus extraordinaires encore, auxquels les âmes simples donnent volontiers le nom de surnaturels, par le seul fait toujours de l'impuissance dans laquelle elles sont d'en trouver une explication satisfaisante. Là, l'électricité joue un grand rôle. L'appareil est encore une table-guéridon, d'apparence ordinaire, qui permet de reproduire à volonté l'expérience dite des *esprits frappeurs* ou des *voix sépulcrales*; j'emprunte sa description au journal *l'Electricien.*

Le pied de la table renferme un élément de pile Leclanché de forme ramassée, soigneusement dissimulé dans la partie qui relie les trois pieds à la colonne unique ; le plateau de la table est en deux parties : la partie inférieure est évidée, la partie supérieure est un couvercle mince dont l'épaisseur ne dépasse pas trois ou quatre millimètres ; dans le milieu de la table, au-dessous du plateau, est placé un électro-aimant à deux branches disposé verticalement. Un des bouts du fil de cet électro-aimant communique avec l'un des pôles de la pile, l'autre bout avec un cercle métallique plat collé contre la partie supérieure de la table formant couvercle ; au-dessous de ce cercle métallique et à une faible distance, se trouve un autre cercle métallique dentelé, de même diamètre environ, les dents disposées verticalement et en dessus, relié à l'autre pôle de la pile. Lorsqu'on appuie légèrement sur la table, le couvercle fléchit, le cercle plat vient toucher le cercle dentelé, ferme le circuit de la pile, et l'électro-aimant, attirant son armature, produit un coup sec ; en soulevant la main, le plateau de la table reprend sa position initiale, rompt de nouveau le circuit et produit un autre coup sec. En faisant glisser légèrement la main sur la table, on fait fléchir successivement le couvercle sur une certaine partie de la circonférence; les contacts et les ruptures de circuit se produisent sur un certain nombre de dents, et le coup sec est remplacé par un roulement plus ou moins énergique ou serré suivant l'habileté du soi-disant médium chargé d'interroger les esprits. La table portant avec elle tout le mécanisme qui l'actionne peut être déplacée sans que rien puisse faire soupçonner l'artifice.

Par un système analogue, on arrive à loger dans l'intérieur de la table des appareils micro-téléphoniques et phonographiques; on conçoit aisément tout le parti qu'on peut en tirer.

Je n'insisterai pas sur le tour qui consiste à placer une ardoise et un morceau de craie sous le plateau d'une table, ardoise sur laquelle les esprits sont censés écrire une réponse écrite d'avance à une question également connue d'avance. Les prestidigitateurs emploient pour cela des ardoises truquées. Je passe sous silence les objets se mouvant au moyen de fils invisibles à certaine distance.

Voilà en résumé, et aussi succinctement que possible, toutes les expériences auxquelles donnent lieu ces fameuses tables tournantes dont on reparle tant en ce moment. Nous sommes ainsi en face de trois catégories d'effets obtenus : 1° Effets légers, lorsque les tables sont uniquement entre les mains de personnes de bonne foi, mais effets résultant simplement de mouvements inconscients de ces personnes mêmes; 2° effets plus accentués et souvent grotesques, résultant de la supercherie, lorsqu'au nombre de ces personnes se trouve un mystificateur; 3° effets surprenants, résultant de trucs, lorsque les tables sont entre les mains de prestidigitateurs; mais, en aucun cas, effets surnaturels.

Je vais m'aliéner beaucoup de mes lecteurs par la conclusion de cette première étude. Je serai suffisamment récompensé si j'ai dessillé les yeux de quelques-uns, que j'aurai sauvés du ridicule et mis à l'abri des mauvaises plai-

santeries de gens qui les trompent et leur faussent le juge-
ment. Si chacun de ceux que j'aurai éclairés en éclaire
d'autres à son tour, l'œuvre sera bonne et aura porté ses
fruits.

Successivement, dans ces études, nous ferons le procès de
tous ces accessoires qui cachent ou maquillent la véritable
science; petit à petit, nous arriverons par élimination à la
débarrasser de tout le charlatanisme qui la gêne, et à la
découvrir. A mesure que nous avancerons dans cette tâche,
nous serons obligés de marcher avec précaution, avec déli-
catesse même. Comme nous le disions en commençant, la
science que nous allons étudier est une science naissante;
on épie en ce moment ses premiers vagissements; il est
nécessaire, sans attendre qu'elle soit née, de tenir tout prêt
pour la recevoir. Et, quand elle aura vu le jour, nous serons
fiers d'avoir contribué pour notre faible part à écarter les
ronces et les obstacles du chemin où elle fera ses premiers
pas.

Lyon. — Imp. Emm. VITTE, rue de la Quarantaine, 18.

POUR PARAITRE PROCHAINEMENT :

2me Etude. — Médiums et Spirites

www.ingramcontent.com/pod-product-compliance
Lightning Source LLC
Chambersburg PA
CBHW071646030726
47598CB00005B/2025